纳唐科学问答系列

海　洋

[法] 约翰·米契尔·比利吾　著

[法] 皮埃尔·卡尤　绘

杨晓梅　译

吉林科学技术出版社

LA MER
ISBN：978-2-09-255167-7
Text: Jean Michel Billioud
Illustrations: Pierre Caillou
Copyright © Editions Nathan, 2014
Simplified Chinese edition © Jilin Science & Technology Publishing House 2023
Simplified Chinese edition arranged through Jack and Bean company
All Rights Reserved

吉林省版权局著作合同登记号：
图字　07-2020-0042

图书在版编目（CIP）数据

海洋 ／ （法）约翰·米契尔·比利吾著 ；杨晓梅译
. -- 长春：吉林科学技术出版社，2023.1
（纳唐科学问答系列）
ISBN 978-7-5578-9606-5

Ⅰ. ①海… Ⅱ. ①约… ②杨… Ⅲ. ①海洋—儿童读
物 Ⅳ. ①P7-49

中国版本图书馆CIP数据核字(2022)第160321号

纳唐科学问答系列　海洋
NATANG KEXUE WENDA XILIE　HAIYANG

著　　者　[法]约翰·米契尔·比利吾
绘　　者　[法]皮埃尔·卡尤
译　　者　杨晓梅
出 版 人　宛　霞
责任编辑　赵渤婷
封面设计　长春美印图文设计有限公司
制　　版　长春美印图文设计有限公司
幅面尺寸　226 mm×240 mm
开　　本　16
印　　张　2
页　　数　32
字　　数　30千字
印　　数　1-7 000册
版　　次　2023年1月第1版
印　　次　2023年1月第1次印刷

出　　版　吉林科学技术出版社
发　　行　吉林科学技术出版社
地　　址　长春市福祉大路5788号
邮　　编　130118
发行部电话/传真　0431-81629529　81629530　81629531
　　　　　　　　　81629532　81629533　81629534
储运部电话　0431-86059116
编辑部电话　0431-81629520
印　　刷　吉广控股有限公司

书　　号　ISBN 978-7-5578-9606-5
定　　价　35.00元

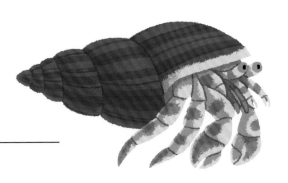

目录

海滩

这里是最棒的游乐园！风、海浪和沙滩能给我们带来许多的快乐！

为什么下图的妈妈给孩子擦防晒霜？

为了保护皮肤不被阳光灼伤。皮肤被晒伤的话，不仅会疼上好几天，还会脱皮。

如何让风筝飞上天？

风筝依靠风才能飞起来。起飞时，必须让风筝迎着风。

沙子是什么？

石块与贝壳被海水打碎，然后被海浪冲到岸上——这就是沙子。

上图这位先生在干吗？

他是救生员。他要坐在高高的椅子上，用望远镜观察游泳者。只有这样，发生意外时他才能及时处理。

海浪是如何形成的？

　　风吹过海面，引起水的位移。风的强度越大，吹的时间越长，那么海浪就越大。

在图中找一找！

铲子

桶

遮阳伞

赶海

退潮后，沙滩变得更广阔了，之前藏在海水中的动植物都现出了身影。对想打捞或采集海产品的人来说，此刻是最幸福的时刻。

下图这个奇怪的网有什么作用？

这是渔网，用来捕捞水中的鱼、螃蟹与贝壳。此外，赶海时最好再带上一个桶与一把圆头刀。

退潮时，海水往前还是向后？

退潮时，海水向后；涨潮时，海水往前。每天，大海都会涨潮2次，也会退潮2次。

这些孩子在石头中间找什么？

有些孩子正在找粘在石头上的贝壳，有些则在试着抓躲在石头下的螃蟹。

为什么这些孩子都穿着塑料鞋？

塑料鞋特别适合在水塘中行走，也适合在滑溜溜的岩石上攀爬，因为它们具备防水的特点。

在图中找一找！

螃蟹

贝壳

海鸥

沙滩运动

沙滩不仅是休息的地方。如果愿意，我们还可以在这里运动玩耍一整天！

为什么这艘船有两个船体？

这是双体船。这种结构可以让行进的速度更快。风很大时，它只有一个船体接触水面。此时的双体船看上去就像从海上飞起来了一般！

这些小船是怎么前进的？

靠风力，因为它们没有发动机。风鼓起船帆，推动船前进。OP级帆船是为儿童设计的帆船。

为什么这些孩子穿着橙色背心？

这是救生衣。坐船时，为了安全每个人都应该穿上它。

这个人在干什么？

他正在进行一项极限运动：风筝冲浪。冲浪板连着一个巨大的风筝，如果海面风力强劲，他可以飞离水面做各种花式动作！

这些孩子为什么要戴头盔？

因为这些孩子要玩陆上风帆。陆上风帆可以理解为带轮子的帆船，而且速度特别快，所以要做好保护措施。

在图中找一找！

眼镜

救生衣

OP级帆船

帆船

在大海中，帆船可以进行垂钓、比赛，也可以在海面上漫游。前提是我们懂得如何操控帆船！

如何知道我们在海上的具体位置？

水手有地图，可以根据海岸线来判断所在的位置；罗盘，可以确定前进的方向；六分仪，可以通过与星星的相对位置来定位。

帆船要如何操控？

靠船舵。舵有好几种类型。有些帆船的舵是一根木头杆或金属杆；有些是圆环，很像汽车上的方向盘。

为什么船体外有许多浮标？

它们也叫"靠球"或"防撞球"，可以在帆船进港或靠岸时提供保护，避免操作不当导致船体撞上岸边。

这些船帆有专门的名字吗？

有，每个帆都有特殊的名字。甲板后方的叫"主帆"，前方的叫"前帆"。

船舱里有什么？

不同的船不一样。通常里面有一张桌子、几张沙发床与几个用于存放地图、食物的小柜子。

在图中找一找！

浮标

地图

海鸥

港口

港口总是这么繁忙，每次有船靠岸，这里都会聚满水手、渔民和搬运工人。

为什么岸边有加油站？

和汽车一样，轮船发动机的运转也需要汽油。在远航之前，渔民们要把油箱加满。要不然，等出海后没油就麻烦了！

这个塔的作用是什么？

这是灯塔，港口的入口处或外海的礁石上都会有。灯塔可以帮助水手辨别方向。晚上，它们发出的灯光能为船长指引正确的路。

出海打渔时的一天是如何度过的？

渔民们一大早出发，前往外海。海中的鱼群数量多，等渔网装满后，他们再返程，回到港口。

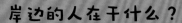

岸边的人在干什么？

渔民们正在叫卖刚捕到的鱼。他们会
高声喊出鱼的名字和价格，和拍卖一样。
这里也叫鱼类拍卖市场。

这些船叫什么？

拖网渔船。它们是用拖网来捕鱼的船
舶。这种船得名于巨大的渔网，渔网一次
就能捕捞成千上万条鱼。

在图中找一找！

船锚

秤

货箱

如鱼得水

海洋里生活着很多种鱼类，有的速度快，有的个头大，有的体形扁平，有的颜色鲜艳，有的很危险，有的平和无害……它们的数量比人类还多！

所有鱼都有鳞片吗？

一部分有，一部分没有。海洋的无鳞鱼一般生活在500米以下的海中；淡水鱼中只有泥鳅和河鳝属于无鳞鱼。

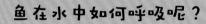

鱼在水中如何呼吸呢？

多亏了鳃！鱼鳃将水过滤，让鱼可以吸入海水里的氧气。

鱼鳍有什么作用？

不同的鳍有不同的功能。背鳍可以让鱼在水中保持直立，尾鳍可以让鱼前进、转弯，其他的则可以让鱼身保持稳定。

为什么鱼不会沉？

因为它们的身体里有一个小小的"口袋"，也就是鱼鳔，鱼鳔中装满了气体，让鱼可以在水中浮起。鱼鳔充满气时鱼会浮起来，放掉气时鱼就沉下去。

鱼一次会产下很多卵吗？

产卵数量与鱼的种类有关。有些雌性一次产下十几颗，有些则成千上万。雌性翻车鱼一次可产下3亿颗卵子。

在图中找一找！

青花鱼

沙丁鱼

比目鱼

去潜水吧

借助氧气面罩与脚蹼，我们可以潜到海中。海洋里的生命多种多样，也许还能看到沉船。观察海底世界，实在太有趣啦！

潜水员背的瓶子里有什么？
潜水员背着的大瓶子里装着好几升压缩气体，以氧气为主，还有其他气体。

脚蹼有什么作用？
让潜水员游得更快。穿上脚蹼再踩水可以让他们在水里的移动更加自如。

为什么潜水员要穿潜水服？
为了防止体温散失过快。即使是在热带海洋，海里的温度也很低，甚至冰冷刺骨。温度越低，需要的潜水服越厚。

氧气面罩的气管有什么作用？

气管呈"J"形，保持气管在水面以上，我们在水中依然可以自由呼吸。不过注意，如果潜深了，气管里会被水填满！再浮上水面时要重重地吹一口气，把管子里的水吹出来。

为什么潜水员腰带上有铅块？

为了可以更容易地潜到深处，避免厚厚的潜水服让潜水员浮起来。有时，他们还会在脚踝上系铅块。

在图中找一找！

沉船

章鱼

海龟

有趣的海洋动物

热带海洋地区生活着成千上万种动物，都非常有趣。有些是庞然大物，有些则很小。它们中的大部分都有着多彩的外表。

这条大鱼是什么？

是魔鬼鱼，是鳐鱼中个头最大的，可以达到7米宽，1.5吨重。

珊瑚是植物吗？

珊瑚长得很像树和花，不过它们是动物！死去之后，它们的骨骼会硬化，形成色彩艳丽的"水下森林"！

海星是怎么吃饭的？

海星先用触手把贝壳打开。然后，再伸出胃！没错，它们伸出的不是舌头，而是胃！海星要把胃放进贝壳里，吃掉一只贝壳肉要花1个多小时！

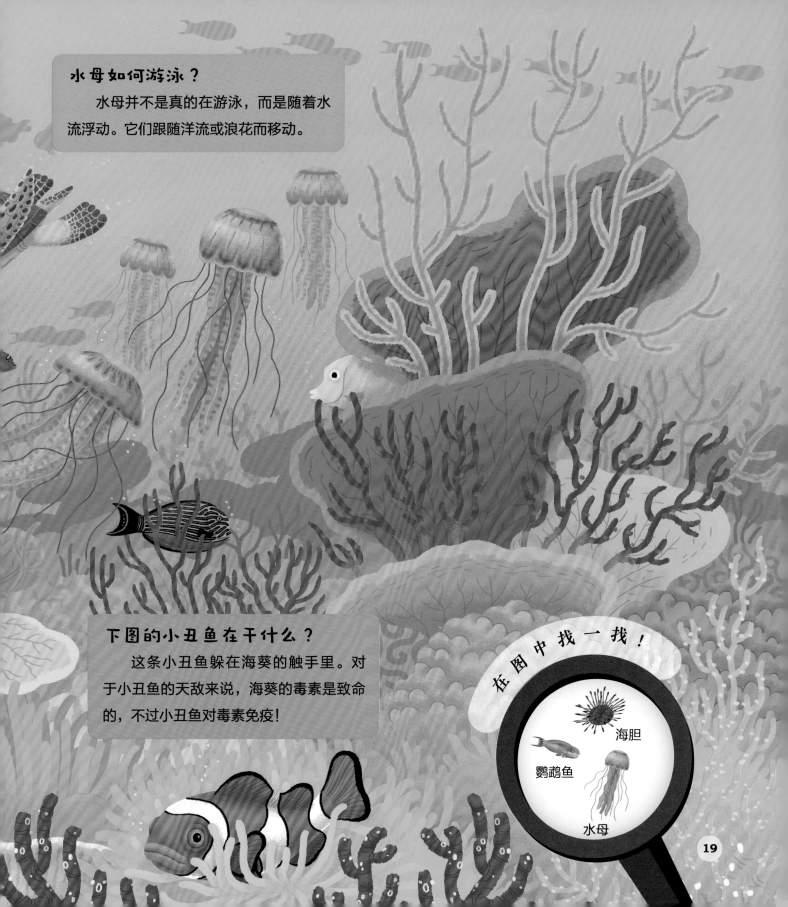

水母如何游泳？

水母并不是真的在游泳，而是随着水流浮动。它们跟随洋流或浪花而移动。

下图的小丑鱼在干什么？

这条小丑鱼躲在海葵的触手里。对于小丑鱼的天敌来说，海葵的毒素是致命的，不过小丑鱼对毒素免疫！

在图中找一找！

海胆

鹦鹉鱼

水母

海洋的霸主

鲸、鲨鱼、海豚……这些生物总是能让人类觉得不可思议！不过，背后的原因却不尽相同：鲸鱼是因为其庞大的身躯，鲨鱼是因为其凶猛的性情，海豚则是因为它们的活泼与聪明！

所有大洋中都有鲨鱼吗？

鲨鱼出没在地球各大海域与各大洋中。不过，北冰洋除外，那里实在太冷了！地球上目前共有500多种鲨鱼，只有极少数可能对人类造成威胁。

鲸也产卵吗？

不，鲸是哺乳动物，所以生下的是小鲸。有些鲸宝宝一出生就有好几吨重。鲸妈妈分泌乳汁来喂养孩子。

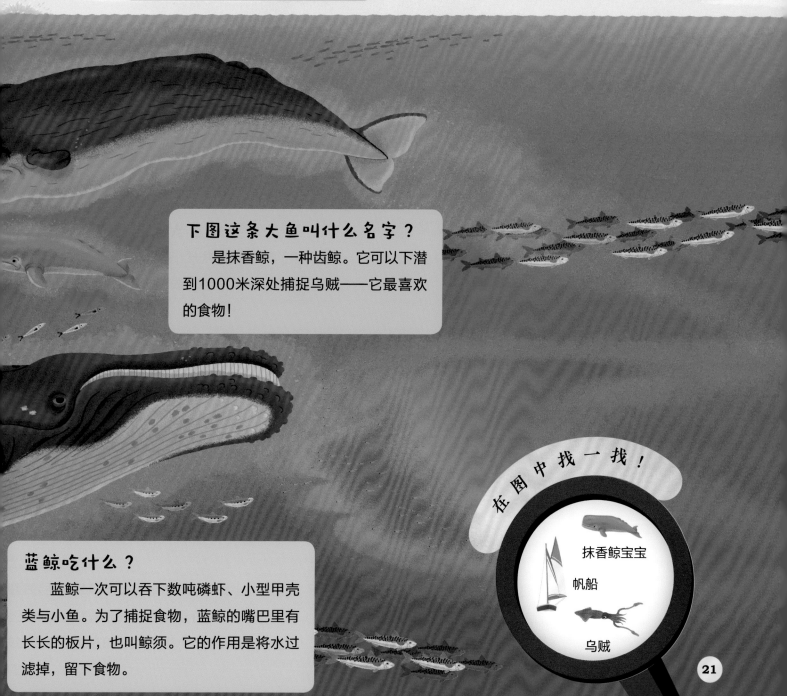

为什么海豚会跳出水面？

海豚表演"特技"有多种作用，例如换气，减少前进阻力，甩掉寄生虫等。

下图这条大鱼叫什么名字？

是抹香鲸，一种齿鲸。它可以下潜到1000米深处捕捉乌贼——它最喜欢的食物！

蓝鲸吃什么？

蓝鲸一次可以吞下数吨磷虾、小型甲壳类与小鱼。为了捕捉食物，蓝鲸的嘴巴里有长长的板片，也叫鲸须。它的作用是将水过滤掉，留下食物。

在图中找一找！

抹香鲸宝宝

帆船

乌贼

21

海鸟

很多鸟都生活在大海边。它们既拥有"制海权"，又拥有"制空权"！

海鸟在哪里筑巢？

在悬崖上。鸬鹚用海藻与树枝筑巢，海鸥喜欢用苔藓，海雀会毫不犹豫地把兔子洞占为己有。

海鸟吃什么？

海鸟主要以鱼类为食。它们飞到海面捕捉鱼类，不过有时它们也吃蚯蚓这类虫子。

这些鸟会游泳吗？

大部分可以在水面上游泳，如海鸥。有些甚至可以钻到水下短暂地自由活动，如鸬鹚。

这个嘴巴上有红斑的是什么鸟？

是海鸥，体形较大的海鸟之一。返巢后，雏鸟会拍打这块红斑，帮助大鸟吐出嘴里头存放的鱼，喂给雏鸟。

海鸟在哪里睡觉？

有些在悬崖上，有些则在沙滩上，顺便等待潮水送来食物。还有一些凭借防水的羽毛，可以一边在水上漂浮一边睡觉。

在图中找一找！

蛋

鸟窝

海雀

一起来保护海洋吧

　　海洋污染对海洋的动植物来说是一场致命的灾难，对人类也是。谁会想生活在垃圾桶里呢？

为什么有这么多海藻？

　　因为海水富营养化使海藻增多，威胁水下动植物的生命，十分危险。

这些孩子在捡什么？

　　孩子们在寻找塑料袋、易拉罐、塑料瓶与其他游客留下的垃圾。然后，他们会将这些垃圾分类，放到对应的垃圾桶中。

我们可以做什么？

　　我们要保护沙滩，不要在游玩后留下垃圾。还要避免带太轻的物品，否则风可能把它们吹到海洋中。

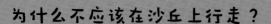

为什么不应该在沙丘上行走？

在沙丘上行走或奔跑可能损害上面的植被，它们起到了固沙的作用。沙丘里生活着许多动物。

为什么塑料袋对鱼类来说很危险？

飘到海中的塑料袋非常可怕：鱼类与海龟很容易将它们当作食物，在吞下后会死亡。

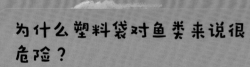

在图中找一找！

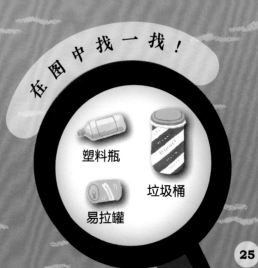

塑料瓶

垃圾桶

易拉罐

目前世界上最大的哺乳动物是什么？

蓝鲸。它的体长可以达到33米，体重可达180吨！它的心脏跟一辆小汽车的大小差不多。

最大的鱼是什么？

鲸鲨。它的体长可以达到18米。这种大鱼性情温顺，无攻击性，以浮游生物与小鱼为食。它喜欢浮到热带海域的海面上，任由人类靠近。

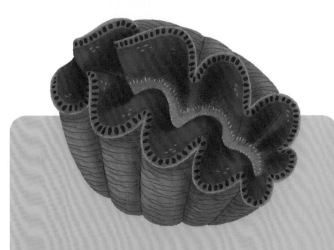

最大的双壳贝类动物是什么？

大砗磲，生活在热带水域，个头跟平常见到的贝类截然不同，最大体长1.2米，体重330千克。

速度最快的鱼是什么？

　　旗鱼，得名于如同旗帜般巨大的背鳍。它游动起来的速度可达110千米/时，比剑鱼更快一点。剑鱼与旗鱼外形很相似。

海雀有什么过人之处？

　　为了觅食，这种外形独特的海鸟可以潜到水下10米处。不过更令人惊讶的是，它们还能以20千米/时的速度在水里"飞行"！

哪种动物是大旅行家？

　　北极燕鸥。这种"戴黑帽"的白色小鸟一年中有8个月都在迁徙，要飞跃38000千米！

这些旗帜代表什么？

绿色旗帜出现时：海面很平静，我们可以自由自在地游泳。

橙色旗帜出现时：海面有小小的波涛，游泳时要小心。

红色旗帜出现时：海面波涛汹涌，此时绝对不可以下水。

浮标的作用是什么？

让游泳者知道哪一区域内有救生员。

这一圈卷卷的东西是谁留下的？

是海蚯蚓留下的粪便。这是一种生活在沙滩上的虫子。螺旋状的粪堆指示了它所在的位置。渔夫会抓海蚯蚓，把它们当作捕鱼的诱饵。

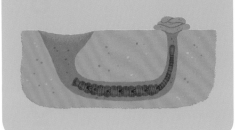

这些洞是谁挖的？

竹蛏。这种长条形的贝壳躲在沙中。它们挖洞是为了吸水，将食物从水中过滤出来。

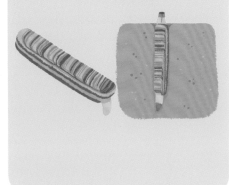

谁住在这个壳里？

寄居蟹。因为它的腹部没有外壳保护，所以会寄居在空着的贝壳中。

你知道这些水上运动吗？

冲浪：站在冲浪板上随着海浪移动。

滑水：赤脚站在一个或两个水橇板上，由船拉着前进。

帆板：风吹动船帆前进。要好好控制方向，才能让速度快起来！

不同类型的船舶

航空母舰专门用于飞机与直升机的起降。

油轮的船舱里装着数十万吨石油。

游轮可以容纳上千位游客。

集装箱船又叫"货柜船"，用于运输商品。这些金属制的巨型箱子里装的全是货物。

不同的捕鱼方式

拖网捕鱼

渔船拖着一个巨大的渔网前进。要捕的鱼不同，渔网网眼的大小也不同。

绳钓捕鱼

渔船拉着一根长线，上面有数量不等的鱼钩。鱼钩上有鲭鱼、沙丁鱼作为诱饵，吸引大鱼。

鱼笼捕鱼

渔民将鱼笼（也叫"诱捕箱"）放到水底，通过诱饵吸引鱼类与贝类进入笼子中。

有些鱼真的会飞吗？

并不是真正意义上的飞。举个例子，飞鱼有着宽阔的鳍，当它们跳出水面时，可以滑翔30多米。

我们如何知道鱼的年龄？

通过鱼鳞的大小。因为鱼鳞终生都在生长。每一年，鳞片会变大，留下一条线。只要数一数有多少圈线就好了。

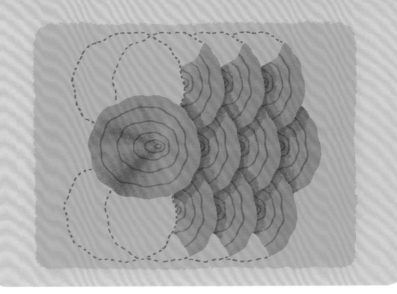

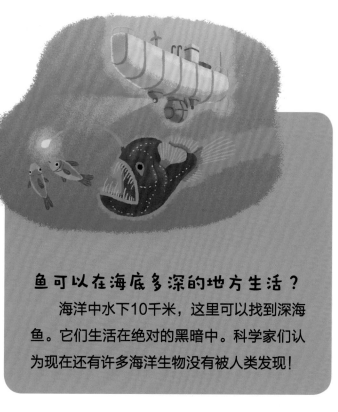

潜水员可以下潜到多深的地方？

目前人类潜水最深的记录是水下322米。注意，这很危险。必须要经过大量专业训练才可以做到！

鱼可以在海底多深的地方生活？

海洋中水下10千米，这里可以找到深海鱼。它们生活在绝对的黑暗中。科学家们认为现在还有许多海洋生物没有被人类发现！

谁吃谁？

虎鲸吃海豹。

青花鱼吃沙丁鱼。

海豹吃青花鱼。

沙丁鱼吃浮游生物。

鲨鱼大不同

硬背侏儒鲨的体长只有约30厘米。

锯鲨拥有长长的吻突，好像一把宝剑。

双髻鲨的脑袋呈"T"字形，眼睛长在两端。

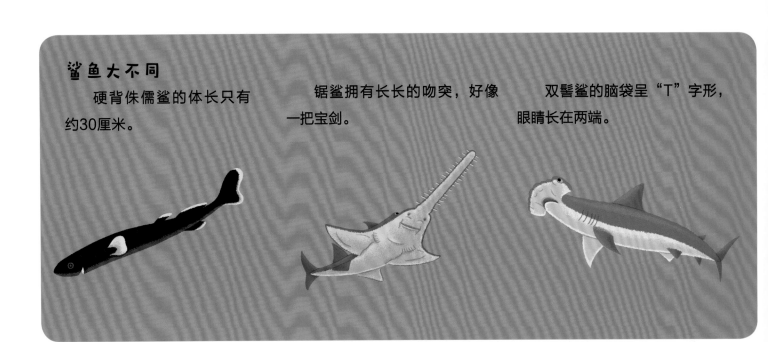

为什么这只鸟要张开翅膀？

因为鸬鹚的翅膀并不完全防水，所以每次下潜之后，它们就要把翅膀展开，让翅膀尽快干燥。

这只鸟在干什么？

这只蛎鹬正在用坚硬而强壮的喙撬开牡蛎。它是少数几种可以做到这一点的鸟。